Bibliografische Information der Deutschen Nationalbibliothek:

Die Deutsche Bibliothek verzeichnet diese Publikation in der Deutschen Nationalbibliografie; detaillierte bibliografische Daten sind im Internet über http://dnb.d-nb.de/ abrufbar.

Impressum:

Druck und Bindung: Books on Demand GmbH, Norderstedt Germany
ISBN: 9783638777001

Dieses Buch bei GRIN:

http://www.grin.com/de/e-book/2165/karteninterpretation-blatt-l7934-muenchen

Arthur Benisch

Karteninterpretation: Blatt L7934 München

GRIN Verlag

Universität Heidelberg

Geographisches Institut

Hauptseminar: Karteninterpretation

WS 2001/2002

Referent: Arthur Benisch

Hauptseminar:

Karteninterpretation
Blatt L7934 München

1. Aufgabenstellung

Die topographische Karte L7934 München soll interpretiert und bearbeitet werden, wobei die Bearbeitung dieses Kartenblattes die Gliederung der jeweiligen Spezifika erfordert. Ausgehend von der Prägung durch Eis (Landschaftsformen, Bodenverhältnisse) ist auf die sich daraus ergebenden Besiedlung, Waldverteilung und Verkehrsentwicklung (Verlauf der Hauptverkehrswege) einzugehen und abschließend das Wachstum der Großstadt München und deren Ausstrahlungen ins Umland (gegenwärtige Struktur und Dynamik) darzustellen.

2. Einordnung des Kartenblattes

Kartenblatt:	L 7934 München, Topographische Karte
Maßstab:	1: 50 000
Benutzte Ausgaben:	1972, 1996
Herausgeber:	Bayerisches Landesvermessungsamt München
Höhendarstellung:	Isohypsen mit Äquidistanz 10m,100m dicker (teilw. 5m als gestrichelte Hilfslinie). Auf der Karte von 1972 wird zu besseren Geländedarstellung Schummerung verwendet.
Gauß-Krüger-Koordinaten:	Rechtswert 4450900 bis 4475400 Hochwert 5318200 bis 5340600
Gradnetz:	Zwischen 11° 20` und 11° 40` östlicher Länge sowie zwischen 48° 00` und 48° 12` nördlicher Breite

Legende: enthält die üblichen Zeichenerklärungen sowie eine Skizze der administrativen Gliederung.

Geographische Einordnung:

Lage: Mittlere Breiten
Süddeutschland
Bayern
Bayerisches Voralpenland

Administrative Einordnung: Nahezu ausschließlich Flächen des Stadtkreises und des Landkreises München und nur in geringem Maße Teile der Landkreise Fürstenfeldbruck (im Nordwesten), Starnberg (im Südwesten) und Wolfratshausen (im Süden) umfasst.

In der 7. Auflage von 1996 ist der Landkreis Wolfratshausen (Landkreisgrenzen) nicht mehr auf dem Kartenblatt zu sehen.

3. Allgemeine Blattbeschreibung

Das Gebiet liegt in den mittleren Breiten in Süddeutschland und gehört landschaftlich zum Alpenvorland.

Die Stadt München nimmt den kompletten nordöstlichen Quadranten des Kartenblattes ein, wobei die Vorstadt und weitere Siedlungen des Stadtkreises München sich in südliche und westliche Richtung strahlenartig auf dem Kartenblatt ausbreiten. Vom Süden in die nordöstliche Ecke wird das Kartenblatt durch den Fluss Isar zerschnitten. Fast parallel, etwas westlich, verläuft ein weiterer größerer Fluss, die Würm. Der südwestliche Quadrant wird von dem Forstenrieder Park und dem Kreuzlinger Forst beherrscht. Im Südosten (östlich der Isar) als weitere größere Grünfläche befinden sich der Perlacher Forst, der Grünwalder Forst und Deisenhofener Forst. Die Altstadt lässt sich mit dem unregelmäßigen Kern sehr gut erkennen. Ein gut entwickeltes Verkehrsnetz aus mehreren Autobahnen und Bundesstrassen ist gut auf dem Kartenblatt zu erkennen.

4. Physischgeographischer Überblick

Die Münchener Schotterebene ist ein Naturraum aus dem glazialen Formenschatz und erstreckt sich von München bis an den Starnberger See. Er zeichnet sich dadurch aus, dass es kaum Reliefunterschiede gibt. Vor allem die Würmeiszeit war am Entstehen der ca. 2.000 km^2 großen Münchener Schotterebene beteiligt.

Die Münchener Schotterebene wird auch als Schiefe Ebene von München bezeichnet, da der Schotter nach Norden mit einem Gefälle von 6-12 % einfällt. Der Schotter dacht ab. Im Bereich, wo sich der Schotter mit der Oberfläche schneidet, tritt das Wasser in Form von Quellen aus, und Moosgebiete sind die Folge.

Die Münchener Schotterebene stellt heute einen der wichtigsten Grundwasserspeicher im süddeutschen Raum dar. Der Schotter kann das Wasser einerseits speichern, anderseits aber auch filtern - wichtige Aspekte für Quantität und Qualität bei der Wasserversorgung.

Die Münchener Schotterebene gehört zum Klimabezirk des oberbayerischen Alpenvorlandes. Das beinhaltet relativ hohe Niederschlagsmengen von 1100 bis 1200 mm/Jahr. Je näher man an den Alpenrand kommt, desto höher ist das Jahresmittel der Niederschläge. Das Gebiet des Kartenblattes ist weitgehend anthropogen gestaltet und geprägt.

Einzige Landschaftstypen, die sich auf dem Kartenblatt südwestlich von München (um Gauting) verzahnen, sind:

- Die Münchener Schotterebene mit dem Kreuzlinger Forst und dem Forst Kasten;
- Das Altmoränengebiet der Rißeiszeit um Ober- und Unterbrunn und des Königswieser Forstes sowie die Gebiete südlich Buchendorfs
- Die Endmoränenlandschaft der Würmeiszeit von Mühltal / Leutstetten / Schwaige mit den südlich anschließenden Gletscherbecken des Starnberger Sees.
- Niederterrassenflächen als Landschaftsform vom Eiszeittal der Würm und der Isar.

4.1 Geologie

Da das meiste Gebiet besiedelt ist, gibt es wenige „freiliegende" Landschaftsformen. Das weniger besiedelte Gebiet ist glazial bzw. periglazial überformt. Das Gebiet um den Kreuzlinger Forst und den Forst Kasten hat kaum Reliefunterschiede.

Es handelt sich hier um die durch die Schmelzwässer der Eiszeiten aufgeschüttete Schotterebene von München. Vor allem die Würmeiszeit war an der Entstehung des Schotters beteiligt.

Während und nach allen Eiszeiten transportierten viele kleine und große Gletscherbäche massenhaft Schottermaterial von den Moränen ab und breiteten es flächenhaft aus. Die Schotterfelder bestehen aus runden Steinen (die vom Wasser abgeschliffen wurden) bis hin zu Sand, der sich durch hohe Wasserdurchlässigkeit auszeichnet.

Die altglazialen Landschaftsformen sind sehr schwer zu erkennen: Lediglich südlich von Buchendorf gibt es einen flachwelligen Wechsel der Höhenlinien sowie ein wenig ausgeprägtes Trockental (früheres Entwässerungstal). Da bei der jüngsten Eiszeit der Gletscher das Altmoränengebiet nicht mehr eingenommen hat, wurde das bewegte altglaziale Gebiet durch aufgewehte Deckschichten ausgeglichen.

Die Endmoränenlandschaft der Würmeiszeit (Jungglazial) von Leutstetten ist durch ein bewegtes Relief mit vielen Kuppen sehr gut zu erkennen. Auch der Aufstieg von den Zungenbecken des Starnbergersee auf die End-Wall-Moräne ist durch die Höhenlinien erkennbar. Der Endmoränenkranz ist durch die Würm durchbrochen. Durch die Kuppen sind bis zu vier Endmoränenstaffeln verschiedener Stagnationsphasen des Gletschers zu erkennen.

Die Landschaftsform der Niederterrassenflächen an den Eiszeittälern der Würm und der Isar sind an der parallel zu den Flüssen verlaufenden Isohypsen zu erkennen.

Zu erkennen ist ein drei Terrassen-System mit der Flussaue als viertes Feld, also müssen auch vier Endmoränen zu finden sein. In der späten Würmzeit war das Klima wechselhaft, so dass sich der Gletscher etappenweise zurückzog. Schmolz der Gletscher ab, so tiefte sich die Würm durch stärkeren Schmelzwasserfluss ein; blieb der Gletscher stehen, so schüttete der schwächere Fluss den Schotter auf. Das Ergebnis war ein Wechselspiel von Eintiefungen und Aufschüttungen, den schon oben genannten Niederterrassen im Würmtal. Hier hat sich auch die Würm zu einem Trompetentälchen entwickelt.

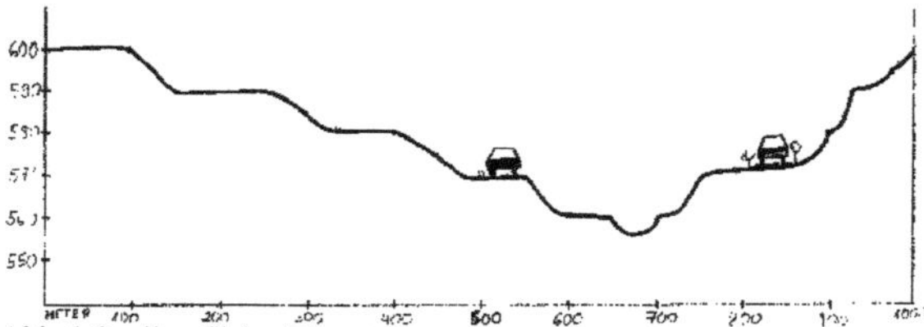

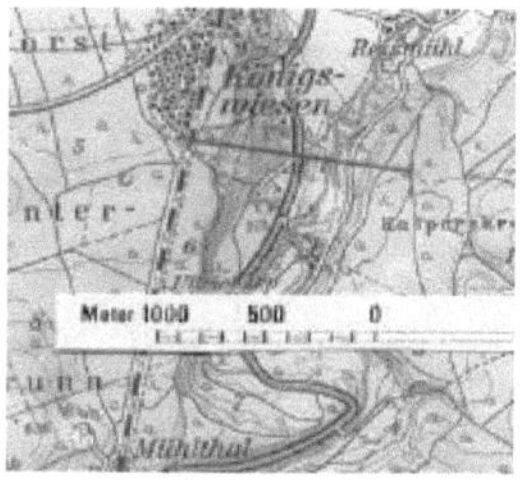

Abb. 1 Quellprofil des Würmtales

4.2 Hydrologie

Das Gebiet auf dem Kartenblatt ist arm an Oberflächengewässer und Tälern, lediglich die Flüsse Isar und Würm durchfließen das Gebiet. Der größte Anteil des Gebietes gehört zu dem Landschaftstyp des Jungschotters. Nordöstlich neben Deisenhofen entspringt das einzige Oberflächengewässer des Gebietes: der Hachinger Bach. Die Schotterebene ist sehr wasserdurchlässig. Da sie eine sehr hohe Aufnahme- und Leitfähigkeit des Wassers besitzt, ist das Gebiet ein großer Grundwasserspeicher. Wie reich an Grundwasser diese Gegend ist, sieht man an vielen Schichtquellen (Quellhorizont) an den Teilfeldern der Niederterrassen. Dort, wo die Quellen entspringen, ist mit höchster Wahrscheinlichkeit die Schotterebene des Tärtier angeschnitten wie z. B. an der Würm bei Schönberg, oder an der Isar südlich von Baierbrunn.

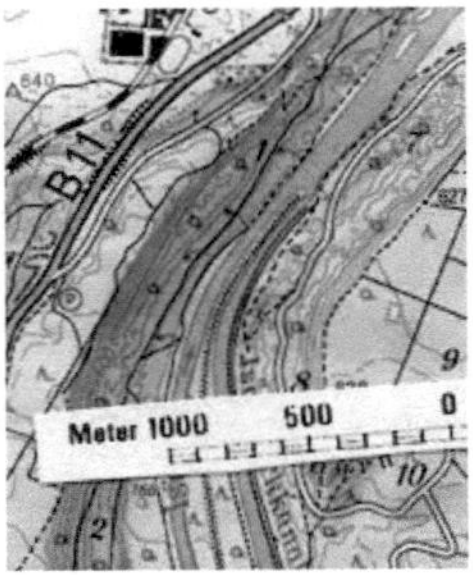

Abb.2 Schichtquellen

Die Hauptentwässerung ist Nordosten. Da die Schotterebene reich an Grundwasser ist und der Grundwasserspiegel relativ hoch ist, befinden sich auf der Karte einige wassergefüllte Gruben. Einige Ortsnamen, die das Suffix -brunn beinhalten, geben einen weiteren Hinweis auf das hohe Vorkommen und Nutzung des Grundwassers.

In der südwestlichen Ecke des Kartenblattes vor der Endmoräne bei Leutstetten ist ein versumpftes Gebiet zu erkennen. Es handelt sich um ein glaziales Becken, das nördlicher den Starnberger See beinhaltet. Durch eine Wasserspiegelsenkung dieses Zungenbeckensees ist diese Moorlandschaft entstanden.

4.3 Böden

Es handelt sich hier um ein landwirtschaftlich wenig ergiebiges Gebiet:

- Nadelwald verträgt schlechtere Böden
- Die Schotterebene hat eine geringe Flussdichte und ist wasserdurchlässig
- Niedermoorerden durch den hohen Wasserspiegel
- Häufung von Wasserbehältern hängt mit großer Durchlässigkeit des Gesteins zusammen

4.4 Klima und Vegetation

Das Gebiet wird vom warmen Föhn, einem Wind auf der Leeseite der Alpen, aus dem Süden beeinflusst. Etwa ein Drittel des Gebietes ist bewaldet, und die häufigste Signatur ist die des

Nadelwaldes. Nur an der Endmoräne bei Leutstetten befindet sich eine größere Ansammlung von Laubbäumen bzw. ein Mischwald.
Weiterhin geben Laubbaumnamen trotzt Nadelbaum-, Wiese-, oder Weidesignatur Hinweise auf die ursprüngliche Vegetation. Einige Viehhöfe mit der Bezeichnung Schwaige liegen in unmittelbarer Nähe zu Weideflächen oder Wiesen. Ansonsten befinden sich einige Parks und Gärten im Stadtgebiet, jedoch ohne genauere Angaben über die Vegetation.
Die Lage der Landebahn des Militärflughafens gibt einen Hinweis auf die vorherrschenden Winde des Gebietes → west- süd- west Winde

4.5 Forstwirtschaft

Die großen zusammenhängenden Waldgebiete südlich und südwestlich von München sind meistens Staatsforstwirtschaften. Die Forstwirtschaften zeichnen sich durch ein regelmäßiges Schneisen- und Wegenetz, das oft die Namen von bayerischen Prinzessinnen (wie Marien-, Theresiengeräumt), hohen Beamten, Königen oder anliegenden Ortschaften trägt. Die Bezirke der Forste sind mit arabischen Ziffern nummeriert. Ein weiterer Hinweis auf die Forstwirtschaft ist das Forstamt südlich von Neuried. Die Hirschwiese, Sauschütt und Fasanenpark geben einen weiteren Hinweis auf eine relativ früh kontrollierte Waldnutzung durch die jeweiligen Monarchen. Außerdem findet man Baumschulesignaturen in Forstgebieten.

5. Anthropogeographischer Überblick

Der Kartenausschnitt bildet München als den bestimmenden zentralen Ort ab. Der Raum ist durch ein dichtes Verkehrsnetz versehen, das sich vor allem durch Bundesautobahnen, Bundes- und Landstraßen, zahlreiche Hauptstassen und Bahnlinien auszeichnet. Die gute Verkehrsanbindung von München zeichnet die Stadt als Oberzentrum und wichtiges Verwaltungszentrum ab.

5.1 Siedlungsgenese

Auf der Karte sind viele Hinweise auf die vorgeschichtliche Besiedlung dieses Gebietes vertreten. Unter anderem findet man keltische Relikte, Keltenschanzen und Römerstraßen.

Die meisten Keltenschanzen findet man entlang der Römerstraße, wie z.B. Schanze am Georgstein (etwa 4462/5320), die gleich an der Isar liegt. Es ist aus der Geschichte bekannt, dass die Kelten Gold gewaschen und verarbeitet haben, deswegen war diese Stelle auch für die Römer (Römerstraße) von großem Interesse.

Weiterhin finden sich vermehrt Anzeichen für eine mittelalterliche Besiedlungsphase:

- Städtischer Grundriss, Altstadt von München
- Ortsnamensgebung

Außerdem findet man Hinweise auf den Stadtausbau des Typus Residenzstadt (Fürstenstadt), sowie Stadtteile aus der Industrialisierung (2. Hälfte des 18 Jh.) und den suburbanen Ausbau des 20 Jahrhunderts.

5.2 Ortsnamen

In diesem Zusammenhang können die Ortsnamen und damit auch die Siedlungsbezeichnungen wertvollen Beitrag zur Analyse des Kultur- und Landschaftsraumes leisten. Aufgrund bestimmter Suffixe des jeweiligen Wortstammes lassen sich Vermutungen äußern, die helfen können, die Gründung einer Siedlung zu fassen.

Im Grunde sollte jeder ursprüngliche einzelne Siedlungs- und Ortname berücksichtigt werden, um Fehlinterpretationen zu vermeiden, jedoch ist es mit dieser Methode möglich, generalisierte Aussagen über das Alter der betrachteten Dörfer und Städte zu machen.

Da auf der Karte Ortsnamensgruppen ausgewiesen sind, wurde anhand der Fragestellung, ob sich gewisse Suffixe häufen und sich daher allgemeine Vermutungen über das Alter der Siedlungen treffen lassen, versucht, die vorhandenen Ortsbezeichnungen logisch zu gruppieren.

Verhältnismäßig häufig sind die Endungen und deren Abwandlungen aus der Landnahmezeit um ca. 300 bis 500 wie - heim, - ingen (bzw. - ing), - hofen.

Ortsnamen nach Endungen gruppiert		
- heim bzw. ham	- ingen (bzw. ing)	-hofen
Puchenheim Waldheim Lochham Freiham Potzham	Gräfeling Krailling Aubing Gauting Passing Schwabing Giesing Unterhaching Oberhaching Daglfing	Unter- Pfaffenhofen Buchhof Milbertshofen Deisenhofen

Die Zeit des frühen Ausbaus (ca. 500 bis 800) schließt sich an die Landnahmezeit (z.T. auch früher) an. Die Ortsnamen in dieser Gruppe enden oft mit: -hausen, -dorf, - stadt, -stetten.

Ortsnamen nach Endungen gruppiert		
-stadt, -stetten	- hausen	-dorf
Leutstetten	Lochhausen Harthaus Heimathshausen Haidhausen Steinhausen	Stockdorf Buchendorf Ramersdorf

Eine wichtige Rolle spielen weiterhin in dieser Zeit Ortsnamen, die aus zwei Wörtern bestehen, wobei das eine die Lage in einem bestimmten Gebiet beschreibt, wie Ober-, Unter-, Nord-, Süd-,. Auf der Karte sind folgende Orte der Ausbauperiode:

Unter- Pfaffenhoffen

Unterbrunn

Unter-Mitter

Unterhaching

Oberhaching

Unterbiberberg

Unterföhring

Für die Zeit des späteren Ausbaus (zwischen 800 bis 1400) spielen Rodenamen, Burgnamen sowie Marschgebiete eine entscheidende Rolle. Die meisten Siedlungen auf diesem Kartenblatt aus dieser Periode tragen Rodenamen wie Martins-Planeggried, Fürstenried, Neuried, Pentenried, Forstenried, Buchenhain und Buchendorf, Am Wald, Buchhof, Birkenried. Aus der Epoche stammen auch Ortsnamen mit der Endung –burg wie Blutenburg oder Josephsburg.

Weiterhin findet man Ortsnamen, die typisch für die Münchener Schotterebene sind, weil am Anfang der Entwicklung die Anlage eines Brunnens den Orten die Namen gab wie z.B. Ottobrunn, Baierbrunn, Unterbrunn, Petersbrunn, Siebenbrunn.

Weiterhin geben einige Ortsnamen Rückschlüsse auf eine geistliche Gründung wie z.B. Taufkirchen, Johanneskirchen, Steinkirchen, Thalkirchen.

5.3 Siedlungsformen

Es gibt kaum besondere Siedlungsformen bzw. sie sind schwer abgrenzbar, denn das ganze Kartenblatt wird von der Stadt München beherrscht, so dass fast alle Siedlungen als Vorstadt bzw. Stadtteile Münchens gedeutet werden können. Es befinden sich einige Einzelhöfe und Dörfer oder Städte aus der Form der Haufensiedlung (Gröbenzell, Gauting, Germering).

5.4 München (historischer Überblick)

Mit der Gründung Münchens Mitte des 12. Jahrhunderts nahe des Klosters (zu den Mönchen) an der Isar als Handels- und Marktort und mit der Gewährung des Salzhandelsmonopols an das Bürgertum war der Grundstein für eine prosperierende Entwicklung gelegt. Infolge dieser Entwicklung kam es am Anfang des 14. Jahrhunderts zur ersten großen Stadterweiterung von 15 ha auf 91 ha Stadtfläche. Die Erweiterung erfolgte kreisförmig um den alten Befestigungsring entlang der Isar-Hochterrassen, ohne jedoch die im Osten angrenzenden Isarniederungen mit ihren Überschwemmungsgebieten einzubeziehen.

Das Aufkommen der absolutistischen Herrschaftsform im 16. Jahrhundert und die Bekämpfung der stark vom Bürgertum getragenen Reformationsbewegung führte zu großen Veränderungen im Stadtbild. Der zunehmende Flächenanspruch für klösterliche Anlagen im Zuge der Gegenreformation sowie der Anstieg des administrativen, repräsentativen und machtpolitisch begründeten Raumbedarfs des Fürstenhofes führten zu verschwenderischer Nutzung des Gebietes sowie Zerstörung von bürgerlichen Siedlungen. So hatte der Klerus bis 1760 allein innerhalb des Burgfriedens 17 klösterliche Anlagen errichten lassen, die 20 - 25 % des gesamten Stadtgebietes umfassten.

Die nächste Bevölkerungszunahme und Wachstum der Stadt erfolgte in der zweiten Hälfte des 18. Jahrhunderts. Hauptursache war die Zuwanderung aus anderen bayerischen Regionen, derer Auslöser der Industrialisierungsprozess und die Konzentration der Verwaltungsfunktionen in München war.

Anfangs des 20. Jahrhunderts, aufgrund der steigenden Wohnungsnot entwickelte sich der Trend, den Wohnungsbau in den städtischen Randlagen zu intensivieren. Von den städtebaulichen Vorhaben dieser Zeit wurden manche aber erst viele Jahre später verwirklicht, so z. B. der Bau von Trabantenstädten, das Ringstraßensystem sowie einige Trassierungen der heutigen U- und S-Bahn.

Flächenintensive Wohnraumbeschaffungsprogramme wurden im äußeren Stadtbereich verwirklicht.

Heute ist München eine attraktive Großstadt mit einer hohen Lebensqualität, die viele international tätige Firmen anzieht. Dadurch ist München nicht nur zu einem wichtigen Fernsehstandort geworden, sondern auch zum boomenden Isar-Valley für zahlreiche Firmen aus dem IT-Bereich. Sie alle profitieren von der perfekten Infrastruktur: dem Flughafen, der Messe und einem der besten Nahverkehrssysteme der Welt.

5.4.1 Historische Gliederung (siehe Anhang 1)

Anhand des Grundrisses vom Zentrum von München lassen sich die Altstadt und der Stadtkern sehr gut erkennen und differenzieren. Vor allem die Ringstrassen geben einen Hinweis auf die mal vorhandene mittelalterliche Stadtmauer. Die erste „Befestigung“ hat eine ovale Form und ist durch eine Hauptstrasse zerschnitten, auf die unregelmäßige Gassen zulaufen. Der Dom mit einem Platz (wahrscheinlich Marktplatz) ist eine weitere Charakteristik der Altstadt. Weiterhin spielt die günstige Lage am Fluss eine entscheidende Rolle für die Gründung der Stadt.

Äußere Ringstrassen lassen die weitere Erweiterung des Stadtkernes erkennen, in der randlich (nördlich von Dom) an der Stadtbefestigung ein größeres Gebäude mit einem Garten sowie ein Platz mit einem Denkmal zu erkennen sind. Es handelt sich wahrscheinlich um eine Burg. In der Befestigung gab es zwei Tore an beiden Seiten der Hauptstraße. Ein Kopfbahnhof ist ein weiterer Hinweis auf ein Tor, denn oft wurde ein Bahnhof vor die Stadttore angelegt. Als weitere Erweiterung findet man noch die Umrisse der bastionären Befestigung, die heute nur noch durch den Verlauf der Strassen angedeutet werden.
Die nächste Erweiterungsphase, die man auf der Karte erkennen kann, ist der Typ der Renaissancestadt, mit der Anlage Nymphenburg als repräsentativem Residenzsitz.
In dieser Zeit kam es wahrscheinlich zur Schleifung der städtischen Befestigungsanlagen, die eine deutlich in Richtung Schloss Nymphenburg verlaufende Siedlungsentwicklung auslöste, die ausgehend von den Räumen um die alten Stadttore das gesamte Vorfeld vor der Stadt umfasste. Dieses Gebiet mit der Ausbreitung von der Altstadt bis zu dem Bahnhof hin wird als City bzw. Innenstadt bezeichnet.
An die Innenstadt schließt sich die Außenstadt (Schwabing, Haidhausen, Westend):

- Wilhelminischer Ausbau: ähnlich wie Gebiet der City mit regelmäßigen und geradlinigen Straßen, Häuserzeilen begleiten die Straßen
- Vereinzelte Plätze, auf die Straßen sternförmig zulaufen

Weiterhin findet man in der Außenstadt die typische Bauweise aus der 2. Nachkriegszeit mit Häuserblocks schräg zu der Straße sowie einige Hochhäuser (große längliche Signaturen).

5.4.2 Funktionelle Gliederung

Frühere Residenzfunktion

Die Fürsten erbauten ihre Residenzen zumeist vor der Stadt, oft in Vorstädten. Auch München wurde um ein barockes Residenzviertel, die Nymphenburg, erweitert. Dieser Stadtteil charakterisiert sich durch die Unterordnung aller Teile unter das Ganze, und die Hauptachse zum Schloss hin wird besonders betont. Der Grundriss des Stadtplanes ist streng, klar und quadratisch angelegt. Die rechteckigen Baublöcke und die fächerförmige Straßenanlage von München- Nymphenburg symbolisieren das absolutistische Prinzip, Eigentumshoheit des Landesherren. Die Bauweise dieser Zeit diente vor allem der Repräsentation.

- Nymphenburg mit Parkanlagen und Wasserkanälen, die einige Residezgebäude miteinander verbinden
- Forstenrieder Park mit Fürstenrieder Schoß (wahrscheinlich ehemaliges Jagdschloss)

- Hirschwiese, Sauschütt, Fasanenpark → Hinweise auf Jagdgebiete der Oberschicht

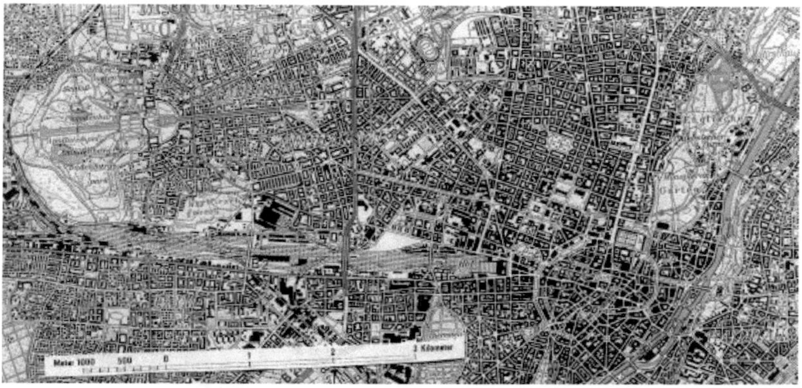

Abb.3 Nymphenburg mit Parkanlagen und Wasserkanälen

Wohnfunktion

- Fast auf dem ganzen Gebiet der Stadt befinden sich Wohngebiete, bei denen jedoch abhängig von der Lage zur Innenstadt gemischte Funktionen (Wohnen, Bilden Versorgen, Arbeiten und Freizeit) vorhanden sind.
- Stadtrandliche Siedlungskomplexe → Bogenhausen, Wohnsiedlung Fürstenried, Neuperlach
- Südliches Gebiet zeichnet sich durch lockere Bebauung → im Süden und längs der Isar in landschaftlich reizvoller Lage → Wohngebiete wahrscheinlich des Besitzbürgertums → keine Ansiedlung von verschmutzender Industrie

Verwaltungsfunktion

- Karte mit politischen Grenzen → Stadtkreis München→Landkreis München
- Maximilianeum → Bayerischer Landtag

Marktfunktion

- Messegelände → Hinweis auf die Marktfunktion bzw. Handel

Wirtschaftliche Funktion

- Handel → Marktfunktion
- Industrieanlagen und Güterbahnhöfe in Stadtteilen Allach, Moosach, Lerchenau und Milbertshofen
- Sehr gut ausgebautes Verkehrsnetz
- Flughafen
- Vermutlich Geschäftshäuser (Banken und Kaufhäuser) in der Innenstadt

Abb.4 Industriegebiete

Verkehrsfunktion

- München als Verkehrsknoten → Flughafen in der Nähe
- Viele Autobahnen, Fernstrassen und Bundesstrassen laufen zentripetal auf München zu
- Eisenbahnknotenpunkte mit vielen Personen- und Güterbahnhöfen

Kulturelle Funktion

- Viele Schlösser und Burgen (Pagoden Burg, Blutenburg, Schloss Fürstenried und Nymphen Burg)
- Museen und Denkmäler
- Viele Straßen, Plätze und Parks tragen historische Namen
- Dom und alte Kirchen
- Filmwerk

Soziale und Freizeitfunktion

- Es gibt sehr viele größere Krankenhäuser und ein Sanatorium
- Es gibt einige Bäder, wahrscheinlich Freibäder wie Michaelibad und Westbad
- Viele Sportplätze (vor allem Stadien) → Hinweis auf Sportvereine
- Ausgedehnte Parkanlagen mit künstlich angelegten Wasserflächen

5.5 Verkehrsnetz

Straßenverkehr

- Aufgrund einer sehr hohen Besiedlungsdichte gibt es ein hoch entwickeltes und verzweigtes Straßennetz
- Radialverkehr ausgehend von München → zentrales Ort → Oberzentrum
- Auf der Karte von 1972 eine sehr hohe Verkehrsverdichtung im Zentrum von München
- Auf der Karte von 1996 farbliche Trennung nach Verkehrsbedeutung → orange = Fernverkehr, gelb = Regionalverkehr → wichtige Hauptstrassen des Fernverkehrs überwiegen
- Mehrere ältere Autobahnen mit niedrigen Kennnummern → A8, A9, A 94, A95 → relativ frühes überregionales Verkehrsnetz → hohe Bedeutung der Stadt
- Veränderungen zwischen 1972 und 1996 → in den neuen suburbanen Gebieten kamen einige Regionalstrassen und ein neues Autobahnkreuz (östlich von Oberhaching) hinzu
- Ansonsten wurde zwischen 1972 und 1996 der Fernverkehr aus der City in die Vorstadt verbannt → Erhöhung der Lebensqualität in der City

Eisenbahnverkehr

- Sehr gut entwickeltes Eisenbahnnetz → großer Kopfbahnhof → eine frühe Eisenbahnerschließung (19 Jahrhundert)
- Mehrere Rangier- und Güterbahnhöfe → wirtschaftliche Bedeutung → Industriegebiete im Norden
- Die meisten Bahnen sind mehrspurig

Die Stadt München verfügt außerdem über einen Flughafen, der über die Autobahn A 94 erreicht werden kann.

5.6 Siedlungsentwicklung

In der Innenstadt gibt es eine sehr dichte Bebauung, wahrscheinlich als Folge der steigenden Bodenpreise.

Die Auflösung der Stadt hin zur Stadtregion mit einem inneren und einem äußeren Verdichtungsraum tritt aus dem Kartenblatt deutlich hervor. Durch neue, große Siedlungs- und Strukturmaßnahmen am Stadtrand und im Stadtumland wie z. B. in Perlach und Neuried versucht man, die Stadtentwicklung in den suburbanen Raum zu verlegen. Auf der Karte von 1996 ist besonders in Perlach eine deutliche Zunahme von Siedlungsgebiet gegenüber der Karte von 1972 zu sehen. (siehe Anhang 2)
Die nach außen gerichtete Siedlungsentwicklung wird durch die Ausrichtung des S-Bahn-Netzes auf München noch mehr verstärkt.
Auch eine Siedlungsausstreckung entlang der Isar ist zu beobachten wahrscheinlich als folge der Isarregulierung, die zur Aufwertung der flussnahen Gebiete führte. Die Gebiete zwischen den radialen Ausfallstraßen wurden aufgesiedelt.
Der dadurch erforderliche Ausbau des Straßennetzes und der öffentlichen Verkehrsmittel verstärkte gleichzeitig eine Entwicklung, bei der die Stadtflucht begünstigt und die Innenstadt für Nutzungen des tertiären Sektors freigegeben wurden.

5.7 Naherholung und Fremdenverkehr

- Im Bereich der Forstgebiete ist das Netz von Fahrrad- und Fußwegen sehr gut ausgebaut, so dass ein Wandertourismus betrieben werden kann
- Filmwerk (4467/5325)
- Sanatorium (4467/5327)
- Im Stadtgebiet befinden sich mehrere größere Parks (Fasanerie Nord, Englischer Garten, Botanischer Garten) mit Spazierwegen, Schlossanlagen (Nymphenburg, Tierpark (4466/5329), Michaeliburg und Sportanlagen
- Olympia Park (4466/5338), Golfplatz
- Viele Museen
- Altstadt
- Mehrere alte Kirchen (Kunst und Kultur)
- Messegelände und Theresienwiese
- Durch die günstige Verkehrslage (Flughafen, Autobahnen und Eisenbahnnetz) ist München auch ein guter Ausgangspunkt für Reiseziele in der Umgebung wie den Starnberger See und Wintersportorte in den Alpen.

6. Quellen und weiterführende Literatur

- DEUTSCHE AKADEMIE FÜR STÄDTEBAU UND LANDESPLANUNG: (Hrsg.) (1984): Freiräume im Städtebau. München und Umgebung München
- GEIPEL, R.; HEINRITZ, G. (Hrsg.) (1987): München - Ein sozialgeographischer Exkursionsführer Geographische Hefte Nr. 55/56Kallmünz, Regensburg
- HOTZAN, J. (1997): dtv- Atlas- Stadt: Von den ersten Gründungen bis zur modernen Stadtplanung. München
- HÜTTERMANN, K. (1975): Karteninterpretation in Stichworten. Verlag Ferdinand Hirt. Kiel
- MEGELE, M. (1951): Baugeschichtlicher Atlas der Landeshauptstadt München. München
- PLESSEN, M.-L. (1983): Die Isar Ein Lebenslauf. München
- Internet: www.muenchen.de